AF502961

# MÉMOIRE

*Pour*

LES sieurs MALLEZ, frères, fabricans de
produits chimiques, à Septèmes ;

*Contre*

LES Opposans à l'autorisation qu'ils ont demandée d'établir, dans le vallon de Friguières,
une Fabrique de sulfate et de carbonate de
soude, sous l'offre d'en condenser les vapeurs.

QUOIQUE tout le monde convienne de l'utilité et de la
nécessité des Manufactures ; quoique le commerce y trouve
ses approvisionnemens ; le peuple, du travail et une existence assurée ; l'industrie, les moyens de s'enrichir ; la

1

Ⓒ

nation, sa splendeur ; le gouvernement, une conquête sur les nations rivales, et un accroissement de richesses; les particuliers, la commodité des échanges pour leurs besoins; nous nous faisons toutefois un devoir de reconnaître qu'elles ne méritent véritablement d'être protégées qu'autant qu'elles ne nuisent point à la salubrité publique. Le gouvernement doit, sans doute, fermer les yeux sur les inconvéniens ordinaires qu'elles entraînent ; car il ne peut pas exister de Manufacture sans quelque incommodité pour le voisinage ; mais si cette incommodité ne se bornait pas au mouvement continuel des ouvriers, au bruit, à la fumée des combustibles, à des exhalaisons non nuisibles quoique désagréables ; s'il était prouvé que leur existence menace la santé des hommes et porte un préjudice réel à la végétation, aucune considération ne pourrait militer en leur faveur : le particulier qui voudrait former un établissement de cette nature, n'aurait droit à aucune protection; ceux qui élèveraient la voix contre sa demande rendraient un service essentiel à la société.

C'est donc dans l'intime conviction où ils sont que leurs Fabriques d'acide sulfurique, établies à Septèmes, ne causent aucun des ravages qu'on les accuse de produire ; c'est en prenant l'engagement de prouver, devant qui de droit, que la Fabrique nouvelle de sulfate et de carbonate de soude, qu'ils demandent à construire dans le vallon de Friguières, ne fournira jamais à la prévention un motif légitime de plainte, que les sieurs Mallez, frères,

( 5 )

se présentent aujourd'hui à l'Autorité, et réclament d'elle, avec confiance, une protection à laquelle ils se flattent d'avoir des droits non équivoques.

Les Opposans à l'autorisation demandée par les sieurs Mallez, frères, ont cru devoir publier un *Mémoire et une Consultation* à l'appui de leur opposition. Il suffit de parcourir ces deux écrits pour reconnaître l'esprit qui les a dictés. L'exagération qui y règne, pour ne rien dire de plus, atteste qu'ils ont été rédigés sur des notes qu'on ne s'est pas donné la peine de vérifier. La malveillance a jeté l'alarme ; aussitôt, sans donner le tems à l'Autorité de faire examiner, par des hommes instruits, les nouveaux appareils que les sieurs Mallez, frères, se proposent d'employer, des émissaires ont cherché des opposans jusque dans des communes très-éloignées. On a répandu des bruits absurdes et ridicules. On a profité de la crédulité des ignorans pour leur rendre odieux des établissemens qui existent depuis neuf ans, sous la protection spéciale du gouvernement; et pour leur faire repousser d'avance un établissement nouveau, qui, par des appareils perfectionnés, enlèverait à la prévention elle-même tout motif de plainte; puisque l'établissement projeté n'exhalerait jamais au-dehors aucune vapeur quelconque.

A quoi se borne, en dernière analyse, le Mémoire des Opposans? A mettre en doute la sincérité des offres que font les sieurs Mallez, frères; et à sonner le tocsin contre toutes les Fabriques de produits chimiques. Suivant

1 *

le Mémoire « les offres des sieurs Mallez ne sont qu'un
» faux fuyant, pour faire illusion à l'Autorité. Si elles
» étaient réelles, ces Messieurs n'auraient à craindre au-
» cune opposition; mais l'exécution, ajoutent les Opposans,
» est une chimère. Les sieurs Mallez ne pourront jamais
» parvenir à condenser les vapeurs de la Fabrique projetée.
» S'ils obtiennent l'autorisation qu'ils demandent, Septè-
» mes aura une Fabrique de plus qui contribuera, avec
» toutes les autres, à calciner le pays; à le dépeupler,
» à le dévaster; et bientôt, sur cette contrée couverte
» de ruines, il faudra élever un monument avec cette
» inscription : ICI FUT SEPTÈMES.»

Comme les registres de l'état-civil de Septèmes, dont
il sera donné un relevé, prouvent, d'une manière incontestable, que depuis neuf ans que les Fabriques de
produits chimiques y sont établies, la population s'est
notoirement accrue dans cette commune, et que la mortalité y est même notoirement diminuée, cette dernière
figure de rhétorique porte essentiellement à faux, et ne sert
qu'à manifester, dans tout son jour, la bonnefoi des
Opposans.

Ils regardent les promesses des sieurs Mallez comme
chimériques. Mais ignorent-ils que chaque jour amène de
nouvelles découvertes dans les sciences, et de nouveaux
perfectionnemens dans les arts? Et quand la *merveille* à
laquelle les Opposans refusent d'ajouter foi, n'existerait
pas déjà en Angleterre, serait-ce une raison de ne pas

croire à sa possibilité ? Qu'on ouvre les yeux sur les progrès immenses que l'industrie a faits depuis une trentaine d'années ! La chimie a opéré une espèce de révolution à la fin du dix-huitième siècle. Des élémens inconnus jusqu'alors ont été ajoutés à ceux qu'on connaissait déjà. L'analyse de l'air et de l'eau est venu éclairer l'action de ces deux substances ; la décomposition des acides a permis d'expliquer leurs principaux effets ; les fluides de la chaleur et de la lumière, ces sources fécondes d'action et de réaction, ces premiers moteurs de la vitalité, ont pris leur place parmi les élémens des corps ; la chimie, qui, jusque-là, avait été bornée à quelques opérations de détail, est devenue tout-à-coup une science centrale d'où tout dérive, et où tout se réunit.

Voyez-la féconder de sa lumière tous les arts déjà connus, et en créer journellement de nouveaux. Dans l'espace de quelques années, voyez-la donner de nouvelles méthodes pour le blanchissage des toiles ; fabriquer de toutes pièces le sel ammoniaque, l'alun et les couperoses ; décomposer le sel marin pour en extraire la soude ; enrichir la teinture de nouveaux mordans ; former le salpêtre et le raffiner par des procédés plus simples ; composer la poudre par des méthodes plus promptes et plus sûres ; réduire le tannage des peaux à ses vrais principes, et en abréger l'opération ; perfectionner l'extraction et le travail des métaux ; simplifier la distillation des vins ; rendre les moyens de chauffage plus économiques ; établir la combustion de l'huile , et l'éclairage de nos habitations sur de nouveaux principes ; et nous fournir les moyens de nous élever dans les airs, et d'aller consulter la nature à trois ou quatre mille toises au‑dessus de nos têtes !

De pareils résultats , obtenus en si peu d'années, ne paraissent-ils pas assez merveilleux pour faire croire à la possibilité d'un simple perfectionnement dans l'exploitation des Fabriques de soude? Et quand les sieurs Mallez , frères, demandent que des commissaires instruits soient nommés pour juger de leurs nouveaux procédés, suffira‑t‑il de leur répondre que leur *demande n'est qu'un leurre*, et qu'ils ne parviendront jamais à condenser les vapeurs de leur Fabrique ?

Il ne faut pas se le dissimuler. C'est surtout contre les Fabriques de soude et d'acide sulfurique, actuellement établies à Septèmes , que les Opposans dirigent leur attaque. Mais peuvent-ils ignorer que le gouvernement protége ces établissemens utiles ? Et croient-ils , de bonnefoi , que cette protection se serait aussi ouvertement manifestée si les reproches que les Opposans font à ces Fabriques n'étaient pas évidemment exagérés par l'ignorance ?

Est-il besoin de rappeler ici la lettre que Son Excellence le ministre de l'intérieur écrivit le 4 août 1816 à M. le comte de Villeneuve , préfet des Bouches-du-Rhône ?

« Parmi les établissemens de création nouvelle, porte

cette lettre, les Manufactures de soude factice occupent un rang distingué. Leur origine remonte à l'année 1777. Une soudière s'éleva alors en Bretagne, sur les bords de la Loire. Louis XVI encouragea aussi, dix ans plus tard, deux entreprises semblables en les affranchissant, le 23 août 1788, de toute imposition sur le sel marin, nécessaire à leurs travaux. Mais les Fabriques qui préparent la soude par la calcination de ce muriate, n'ont pris quelque développement, et ne se sont multipliées, que dans des tems postérieurs.

» Aujourd'hui que leurs procédés ont acquis une assez grande perfection, elles nous dispensent d'importer des soudes naturelles de l'étranger, et non-seulement elles suffisent à nos besoins, mais elles peuvent fournir à une exportation considérable. Les opérations, qui s'exécutent dans leurs ateliers, procurent des moyens de travail en occupant un certain nombre de bras. Leurs produits sont recherchés par les fabricans de savon, les teinturiers, les entrepreneurs de verreries, de poteries, de blanchisseries. On les préfère pour une infinité d'usages à la soude naturelle, soit pour leur qualité, soit pour l'infériorité du prix.

» Tant d'avantages attachés à leur exploitation doivent leur concilier la bienveillance des habitans des lieux où elles sont placées, des Autorités administratives dont elles dépendent et celle du gouvernement. Aussi les Fabriques de soude factice établies dans les départemens de l'Aisne, du Calvados, de l'Hérault , de la Seine, *etc.*, se livrent-elles paisiblement à leurs travaux, sous la protection des lois qui les encouragent, et sans être inquiétées en aucune manière.

» J'apprends de Son Exc. le ministre de la police générale qu'il n'en est pas ainsi dans le département des Bouches-du-Rhône , qui possède un certain nombre de ces établissemens. On cherche à y soulever l'opinion contre eux. Ils ont été menacés de dévastation et de destruction. C'est ce que vous m'avez déjà fait pressentir par votre lettre du 22 juin dernier.

» Votre devoir, Monsieur le comte, est, comme vous me le disiez dans la même lettre, de protéger ces établissemens, qui ne sont formés qu'en vertu d'autorisation légale. Leur utilité a été trop long-tems reconnue, dans le département dont l'administration vous est confiée, pour que les réclamations auxquelles ils sont en butte ne s'appaisent pas bientôt.

» Ils éprouveraient au besoin les effets de la protection du gouvernement par le développement et l'application des moyens de force qui sont à votre disposition ; mais je ne présume pas qu'il devienne nécessaire d'y avoir recours. Sans doute il vous suffira de faire connaître publiquement que le Roi et ses Ministres ont apprécié toute l'importance des Fabriques de soude artificielle; qu'ils n'ont pas l'intention de proposer la révocation des encouragemens qui leur sont accordés par l'exemption de l'impôt du sel, et par les droits établis à l'entrée des soudes venant de l'étranger ; que si le département des Bouches-du-Rhône perdait les établissemens qui se sont formés, la perte serait uniquement pour eux, et non pour la France, parce que de nouvelles Fabriques de soude s'élèveraient dans ce cas sur d'autres points du royaume.

» Vous pouvez, Monsieur le comte, prendre la voie qui vous paraîtra la plus convenable pour éclairer vos administrés sur leurs vrais intérêts, soit en puisant vos motifs dans la présente, soit en ajoutant à ces considérations toutes celles que vos réflexions seront dans le cas de vous suggérer. Dans tous les cas, vous saurez prévenir, par votre surveillance, en vous concertant avec l'Autorité militaire, toutes les atteintes que l'on tenterait de porter à la sûreté des propriétés et des personnes. Je m'en rapporte à votre prudence et à votre fermeté. »

En 1813, les Fabriques d'acide sulfurique, établies dans le faubourg de St.-Sever, à Rouen, séparé de la ville par un fleuve considérable, furent attaquées par quelques habitans qui les dénoncèrent à l'Autorité et en demandèrent la suppression, sous prétexte d'insalubrité pour les hommes et de préjudice pour la végétation. Des pétitions, appuyées d'un grand nombre de signatures, parmi lesquelles figuraient celles d'hommes recommandables par leurs connaissances en médecine, frappèrent l'attention du Gouvernement. Il voulut vérifier les faits sous le rapport de la salubrité publique et de l'intérêt général. L'Institut royal de France fut interrogé sur la nature et les effets des émanations qui s'échappent des Fabriques d'acide sulfurique ; et voici la réponse qui fut adressée par S. Exc. le Ministre de l'intérieur à M. le préfet de la Seine inférieure :

« J'ai pris connaissance, Monsieur, des différentes pièces
» que vous m'avez adressées au sujet de plusieurs Fabri-
» ques d'acide sulfurique dont divers propriétaires et habi-
» tans du faubourg St.-Sever, ville de Rouen, sollicitent
» la suppression..... Je ne pense pas qu'on doive accueillir
» leur demande. C'est faute d'être éclairés qu'ils préten-
» dent que les émanations provenant des Fabriques d'acide
» sulfurique nuisent à la santé des hommes et à la végé-
» tation des plantes. Elles sont à la vérité désagréables ;
» mais elles ne produisent point les effets dont ils se
» plaignent. Cette opinion est celle de l'Institut........
» Si l'on ordonnait avec légéreté la translation des Fabri-
» ques on finirait par demander qu'on reléguât dans les
» campagnes la généralité de nos établissemens industriels ;
» car tous, ou presque tous, répandent de l'odeur, de la
» fumée, ou donnent lieu à un bruit incommode pour le
» voisinage : on détruirait les Manufactures ; et nous
» serions obligés de recourir aux étrangers pour les objets
» qu'elles établissent. »

Voilà le langage d'un gouvernement protecteur, qui sent tout le prix de l'industrie, et qui, après avoir cherché à rendre une décision appuyée sur le rapport des hommes les plus instruits de l'Europe, s'attache à dessiller les yeux qui sont encore fermés à la lumière.

Après une autorité aussi imposante que celle de l'Institut royal de France, si quelqu'un ose encore concevoir des craintes sur le voisinage des Fabriques d'acide sulfurique, *c'est faute d'être éclairé*. Si quelqu'un ose attribuer aux vapeurs qui se dégagent de ces Fabriques la stérilité de quelques-unes des collines de Septèmes, qui, de tems immémorial, n'ont jamais rien produit, et qui ont de tout tems fatigué la vue par leur blancheur, *c'est faute d'être éclairé*. Si enfin quelqu'un ose dire que les vapeurs des Fabriques établies dans cette commune y ont augmenté la mortalité parmi les bestiaux, et que cette exploitation, meurtrière pour les animaux, est également accompagnée d'inconvéniens et de dangers pour la santé des hommes, *c'est encore faute d'être éclairé*.

Les sieurs Mallez, frères, croient devoir insister sur l'injustice des reproches que font les Opposans à leurs Fabriques actuelles d'acide sulfurique. Ils démontreront ensuite jusqu'à l'évidence qu'on ne peut, par aucune objection raisonnable, entraver la demande qu'ils font aujourd'hui d'être autorisés à construire dans le vallon isolé de Friguières une Fabrique de sulfate et de carbonate de soude, sous la condition expresse d'en condenser les vapeurs.

Comme l'acide sulfurique, ou huile de vitriol, est réputé le plus puissant, le plus corrosif des acides, le vulgaire est généralement porté à croire que tout ce qui en approche en est nécessairement affecté; et que sa fabrication est très-pernicieuse pour le voisinage des usines où s'en

( 12 )

fait la manipulation. Il est même des personnes qui croient
que conservant toutes les propriétés du soufre, son radi-
cal, il s'enflamme aisément et peut occasioner l'incendie.

Que des gens illitérés adoptent tous ces préjugés, qu'ils
signent aveuglément toutes les pétitions qu'on leur présente
contre des établissemens précieux, qui, dans Septèmes,
emploient un grand nombre de bras, et qui ont notoirement augmenté la population de cette commune, on a peu
lieu d'en être surpris; mais que des particuliers qui ont
reçu de l'instruction et qui pourraient, avec un peu de
bonne volonté, puiser dans nos meilleurs livres de chimie
les connaissances qui leur manquent, accusent les Fabriques
d'acide sulfurique d'exhaler des vapeurs meurtrières pour les
animaux, et aussi préjudiciables aux végétaux qu'à la santé
des hommes, c'est ce qu'on pourrait à peine concevoir,
si l'on ne savait que l'intérêt personnel obscurcit avec une
extrême facilité toutes les lumières de l'esprit.

Citons encore ici le témoignage d'hommes éclairés, ca-
pable de faire sur les Opposans plus d'impression peut-être
que ne pourraient en faire sur eux tous les raisonnemens
auxquels nous pourrions nous livrer.

Quand M. le maire de Rouen vit, en 1811, les Fabriques d'acide sulfurique exciter quelques réclamations de
la part des propriétaires du faubourg St.-Sever, il s'adressa
aux membres du jury médical de la ville, et au nom du
Gouvernement, leur demanda la résolution des questions
suivantes :

1.º Les gaz qui s'échappent en dehors des ateliers où se fabrique l'acide sulfurique , ont-ils de graves inconvéniens pour la salubrité publique ?

2.º En ont-ils pour la culture ?

Voici un extrait du Rapport que fit à ce sujet le Jury médical de Rouen :

..... « Tous les fabricans d'acide sulfurique à Rouen, ont leurs ateliers aux extrémités du faubourg St.-Sever, et dans la plaine de Quevilly qui y confine. Les plus remarquables sont celles de M. Dubuc, aîné, et de M. Leforestiér. Dans la première , composée de deux chambres de plomb, dont l'une a 75 pieds de longueur, 40 de largeur et 8 de hauteur, on brûle 210 livres de soufre en 24 heures. Dans toutes les Fabriques réunies la combustion du soufre peut être évaluée, par jour, de quatre-vingt à cent quintaux.

» Le mode de cette combustion est présentement le même dans tous les ateliers. On triture le soufre sous une meule pesante , en lui associant le dixième de son poids de nitrate de potasse. On le dépose, en cet état, dans une des chambres de plomb. On allume après avoir fermé toutes les ouvertures ; on ferme de même l'ouverture par laquelle le feu a été introduit, et on prend ainsi toutes les précautions pour éviter la moindre déperdition. Chaque fabriquant d'ailleurs a sa méthode particulière pour introduire à propos dans la chambre quelque portion d'air atmosphérique, ou de l'eau réduite en vapeurs ; mais la théorie générale repose sur ce principe , que c'est aux dépens de l'oxigène que contient l'air enfermé dans la chambre, que s'exécute la conversion du soufre en acide sulfurique; et que des justes proportions entre la capacité de la chambre et la quantité de soufre, dépend le succès de l'opération.

» Faute de connaître ces principes on ne suivit, pendant long-tems, aucune règle certaine. On brûla long-tems du soufre sans l'addition du nitre qui en active la combustion. De trop grandes quantités de soufre, relativement au volume d'air contenu dans la chambre, donnaient lieu à la formation d'une grande quantité d'acide sulfureux qu'on était obligé de verser de tems en tems dans l'atmosphère, au grand désagrément des voisins; et on retirait à peine moitié des produits qu'on en retire aujourd'hui par la nouvelle méthode.

» Pendant la combustion, il s'évapore du *nitre*, de l'*acide nitrique*, qui, cédant une quantité plus ou moins grande de son oxigène à quelques portions d'acide sulfureux, se convertit en acide sulfurique, et devient ainsi de l'acide nitreux, du gaz nitreux, ou de l'oxide d'azote, suivant la perte de l'oxigène qu'il a éprouvée. Comme il ne s'évapore que sous une forme gazeuse, nous le désignerons sous le nom de *gaz nitreux*.

» La condensation de l'acide sulfurique une fois opérée, il ne reste donc plus dans la chambre que du *gaz azote*, résidu de l'air dont l'oxigène a converti le soufre en acide sulfurique, et du *gaz nitreux*, ce dernier en quantité infiniment moindre que celle du gaz azote; et il est essentiel

de débarrasser la chambre de ces vapeurs incombustibles ,
pour y introduire de l'air atmosphérique et procéder à une
nouvelle combustion du soufre.

» M. Dubuc ayant fait évacuer en notre présence la plus
grande de ses deux chambres, nous avons vu, au moment
où le courant d'air a été établi par l'ouverture de deux
ouvreaux opposés, les vapeurs sortir de la chambre en tour-
billons rougeâtres , exhalant une odeur nitreuse , s'élever
assez rapidement et se perdre dans les airs. Un quart d'heure
ne s'était pas écoulé que nous avons pu circuler librement,
et sans la moindre incommodité, au tour de la chambre ; et
après avoir fait, dans la campagne, un tour dans la propriété
de M. Dubuc, pour examiner l'état de la végétation, nous
nous sommes aperçus à peine de l'opération qui venait
d'avoir lieu.

» Au reste, il s'échappe si peu de vapeurs à l'extérieur
pendant la combustion du soufre , que chez M. Leforestier nous avons pu nous promener au tour, dessus et des-
sous sa chambre, qui était alors en travail , sans éprouver
aucune odeur désagréable.

» L'influence des vapeurs dont il vient d'être question,
et leur action sur les hommes et les végétaux, était l'objet
principal de nos recherches. Nous avons reconnu que les
ouvriers de M. Leforestier et ceux de M. Dubuc, en assez
grand nombre, jouissaient tous de la plus parfaite santé ;
et que M. et Mad. Dubuc, qui habitent leur Manufacture,
peuvent être cités comme exemple d'une constitution robuste et d'une grande fraîcheur de teint.

» Nous sommes entrés dans un certain nombre de maisons depuis la barrière de la route de Caen, jusqu'aux Fabriques. Partout nous avons trouvé les habitans dans un état de santé parfaite.

» A l'égard des végétaux, nous les avons trouvés dans un état de prospérité bien marquée à la fin d'octobre. Les luzernes qui bornent les ateliers de M. Dubuc sont superbes. Les plantes oléracées, choux, céléris, poirées, oseilles, *etc.*, jouissent du même avantage à vingt-quatre pas des Fabriques ; les vignes et les arbres poreux, les tilleuls, les peupliers nous ont paru aussi beaux que la nature du sol le comporte.

» Si l'on s'en rapportait à la rumeur populaire il faudrait attribuer au vitriol, plutôt qu'à la nature acide et sabloneuse du terrain, la détérioration de quelques arbres fruitiers du côté de la barrière de Caen, mais nous avons montré ci-dessus que d'après le mode adopté depuis un certain nombre d'années, *il ne s'échappe plus de gaz sulfureux pendant la combustion du soufre*, et que les fluides gazeux qui s'échappent des chambres ne sont que du *gaz azote* et du *gaz nitreux;* que l'un et l'autre un peu plus légers que l'air atmosphérique, tendent à s'élever et à se perdre dans les airs. Un motif qui semble prouver que ces deux derniers gaz doivent être comptés ici pour peu de chose, c'est que chez M. Léforestier, sous les cheminées de sa chambre de combustion de soufre, sous les croisées de son laboratoire de concentration, son jardin présente des pommiers, des pêchers, des poiriers ; dans toute la prospérité de la végétation, écorce superbe , beau feuillage, fruits parfaitement nourris et bien conformés. Une de ses vignes portait, au moment de notre visite, et, pour la seconde récolte, des grappes qui commençaient à se colorer, et cette vigne couvre le mur de l'atelier même; mais ici la nature du terrein est bien différente. C'est un fond de prairie, amélioré encore par des terres rapportées.

» Nous inférons , de ce que dessus, que les prétendus désordres, que l'on attribue aux vapeurs de l'acide sulfurique, sont dénués de fondement ; et que les gaz, qui s'échappent des ateliers où se fabrique cet acide, n'ont de graves inconvéniens ni pour la salubrité publique, ni pour la culture.

» *Signés* : GOSSEAUME, LAUMONIER , REMY, CHANDELLIER et ROBERT.

A Rouen, le 16 novembre 1811. »

On doit conclure de ce Rapport, que si les vapeurs de l'acide sulfurique ne sont pas nuisibles dans le département de la Seine inférieure, elles ne peuvent l'être dans celui des Bouches-du-Rhône. Des Commissaires, non moins instruits que ceux du Jury médical de Rouen, l'ont ainsi prouvé au sujet des Fabriques d'acides établies dans les faubourgs de Marseille.

Au reste, les sieurs Mallez, frères, peuvent ici invo-

quer, avec confiance, le témoignage de tous ceux qui, en traversant la commune de Septèmes, ont pu jeter quelquefois les yeux sur leurs Fabriques et sur leur jardin qui est situé précisément à côté de leurs ateliers. Toutes les plantes potagères, toutes les plantes d'agrément, tous les arbustes, qui font l'ornement d'un jardin, y prospèrent d'une manière très-sensible; et la belle haie de peupliers qui est en face des Fabriques, flatte la vue de tous les voyageurs par la fraîcheur de sa verdure. Pendant l'hiver, sans doute, ces arbres, ces arbustes, sont effeuillés; mais à la renaissance du printems, quoiqu'ils ne soient qu'à deux pas des chambres de combustion, ils reverdissent comme partout ailleurs, et les oiseaux des environs ne craignent pas de venir gazouiller dans leur feuillage.

Si, comme le prétendent les Opposans dans le Mémoire qu'ils ont publié, *les vapeurs des Fabriques de soude et des Fabriques d'acide sulfurique ont brûlé toute la campagne de Septèmes ; si ces vapeurs corrodent tous les végétaux, détruisent toutes les plantes annuelles, attaquent les céréales et les légumineuses ; brûlent les étamines et les pistils ; font des eunuques dans le règne végétal, et deviennent un instrument de castration générale pour toutes les fleurs des arbres et des plantes soumises à leur influence,* on doit être bien étonné que les récoltes continuent de se faire annuellement dans cette commune, et que depuis l'établissement des Fabriques, on ne s'y soit aperçu d'aucun déchet dans ces différentes récoltes.

Certes! si ce déchet avait eu lieu, le fermier de la terre sur laquelle est située la Fabrique des sieurs Mallez, frères, n'aurait pas manqué de jeter les hauts cris et de faire résilier son bail. Or, ce fermier lui-même, pour rendre hommage à la vérité, a fait la déclaration suivante, qui répond, d'une manière péremptoire, aux vaines alarmes, aux étranges figures de rhétorique des Opposans.

« Je, Jean-Baptiste Carles, soussigné , certifie , en fa-
» veur de la vérité , que, quoique la Fabrique de produits
» chimiques de MM. Mallez, frères, soit située au milieu
» de la terre de M. Laget-Levieux, dont je suis le fer-
» mier depuis plusieurs années, je ne me suis jamais
» aperçu qu'elle ait porté le moindre préjudice à mes ré-
» coltes; en foi de quoi je leur ai délivré le présent cer-
» tificat, pour leur servir et valoir où besoin sera.
» Septèmes, le 26 octobre 1816.

Signé, J. B. Carles.

» *Je déclare la signature ci-dessus être conforme et
véritable.*
» Septèmes, le 26 octobre 1816.

Signé, J. Chaudon, Maire. »

Si d'un autre côté, comme le prétendent les Opposans dans leur Mémoire imprimé, *les vapeurs des Fabriques ont augmenté la mortalité parmi les bestiaux; si un troupeau ne peut plus prospérer dans les alentours de Septèmes; s'il y*

3 *

respire un air meurtrier ; s'il y broute des plantes empoisonnées ; si ces mêmes vapeurs sont dangereuses pour la santé des hommes, on doit être bien étonné que les témoignages les plus authentiques se réunissent pour établir, au contraire, que depuis l'existence des fabriques à Septèmes, les hommes et les bestiaux s'y portent mieux que jamais.

Il est de notoriété publique qu'avant que les Fabriques de soude et d'acide sulfurique existassent, il régnait souvent, à Septèmes, des fièvres intermittentes, qui ont disparu depuis l'exploitation de ces fabriques. Depuis cette époque, on a remarqué aussi que ce pays a été préservé des épizooties qui le ravageaient autrefois presque périodiquement. L'Autorité locale, qui est certainement à même de constater les faits à cet égard, a délivré, le 14 février 1816, la pièce suivante, qui vient à l'appui de ce que nous avançons :

« Nous, soussignés, membres du Conseil Municipal de
» la commune de Septèmes, certifions, en faveur de la
» vérité, que l'air que l'on respire dans notre commune
» est très-salubre ; que les maladies y sont peu fréquen-
» tes, et que, depuis plusieurs années, les habitans de
» cette commune n'ont été frappés par aucune maladie
» épidémique ou contagieuse ; en foi de quoi nous avons
» déli ré le présent, pour servir et valoir au besoin.

» Au dit Septèmes, le 14 février 1816.

» *Signés :* Jh CAMOIN, J.-B. MICHEL, RIOUSSET, J. Jh
» BLANC.

( 21 )

» Nous, Maire de la commune de Septèmes, certifions
» véritables les signatures ci-dessus.
» A Septèmes, le 15 février 1816.

BOURGUIGNON-FABREGOULE. »

Veut-on porter la prévention jusqu'à douter des assertions
de l'Autorité locale? Que l'on ouvre les registres de l'état
civil de la commune de Septèmes. C'est en compulsant
ces registres, depuis l'an dix (1802) jusqu'à ce jour, qu'on
peut se convaincre :

1.° Que la population de cette commune a augmenté
d'une manière sensible. Durant les sept années qui ont
précédé l'établissement des Fabriques , la population
moyenne de Septèmes était seulement de quatre cents
âmes ; durant les sept années suivantes elle s'est accrue
du tiers. La population moyenne y est aujourd'hui de six
cents âmes.

2.° Que la mortalité loin d'y avoir augmenté y a diminué
au contraire; puisque sur une population moyenne de 400
âmes, il y a eu, pendant les sept années qui ont précédé
l'établissement des Fabriques, 75 morts; tandis que durant
les sept années qui ont suivi cet établissement , sur une
population augmentée du tiers, il n'y a cependant eu que 63
décès.

Nous avons sous les yeux ce tableau comparatif dressé
dans le plus grand détail et légalisé par M. le maire de
Septèmes; il nous suffit d'en donner le résultat, qui forme,

selon nous, la meilleure réponse que nous puissions faire aux assertions des Opposans.

Nous avons aussi sous les yeux le tableau comparatif des naissances et décès qui ont eu lieu dans la commune de Septèmes, depuis le 1er janvier 1816, jusqu'au 1er juin 1818.

L'année 1816 nous donne 27 naissances, et seulement 13 décès ; encore a-t-on compris dans la liste de ces 13 morts, quatre individus qui ne sont pas nés ; *Josserand, né sans vie, le 7 juillet 1816 ; Pellegrin, né sans vie, le 5 novembre ; Mouret, frère et sœur, nés sans vie, le 25 du même mois.*

Sur 27 naissances en 1816, reste donc 9 décès, sur lesquels encore on trouve Virginie Fabre, morte âgée de 7 mois ; Rose-Marie Clément, morte âgée de 3 mois ; Marie Negrel, morte âgée de deux ans ; Louis Badière, âgé de 2 ans et demi ; Adélaïde Guien, âgée de 2 ans. — Reste quatre individus dont l'un est mort âgé de 53 ans ( Marie Bresson ); l'autre âgé de 78 ans ( Marianne Raynaud ) ; le troisième âgé de 80 ans ( Jean Cadenel ), et le dernier âgé de 94 ans ( Marie Coulon ).

Quelle est la commune de France qui pourrait offrir un tableau comparatif plus rassurant sous le rapport de la salubrité ? Et cependant on ose imprimer que *le tems n'est pas éloigné où toute la contrée qui environne Septèmes ne présentera plus aucune trace de végétation, et n'offrira plus que des villages abandonnés !* N'est-ce pas le cas de dire aux Opposans ce qu'ils se permettent d'adresser aux sieurs Mallez, frères : *L'intérêt est un guide trompeur, parce qu'il n'est rien qu'il ne dénature pour arriver à son but !*

Il résulte bien clairement de tout ce qui a été dit jusqu'ici que la commune de Septèmes a beaucoup plus gagné que perdu à l'établissement des fabriques de produits chimiques qui existent sur son territoire. Cela est prouvé jusqu'à l'évidence.

Le perfectionnement des procédés employés dans les Fabriques d'acide sulfurique, ne permettant plus au gaz sulfureux de s'échapper des ateliers pendant la combustion du soufre, ce qui pouvait bien avoir quelques effets nuisibles pour la végétation, dans les premiers tems de la découverte, et ce qui était une perte réelle pour le fabricant; il ne resterait plus qu'à perfectionner de même les procédés employés dans les Fabriques de sulfate de soude, pour ôter tout prétexte à la malveillance d'exagérer de la manière la plus étrange les légers dommages que peuvent causer les vapeurs muriatiques, dommages qui sont aujourd'hui balancés par l'avantage précieux qu'elles ont de purifier l'air de tous les miasmes putrides.

Ce perfectionnement dans la Fabrication du sulfate de soude, est justement ce que demandent à exécuter les sieurs Mallez, frères ; quand ils sollicitent l'autorisation de construire une Fabrique dans le vallon de Friguières , sous la condition expresse d'en condenser toutes les vapeurs. Cette autorisation ne peut leur être refusée. Tous les raisonnemens sur lesquels se sont appuyés les Opposans , pour détruire l'effet de leur demande , manquent de justesse et sont évidemment dictés par la prévention.

Si les sieurs Mallez, frères, disent-ils d'abord, pouvaient remplir complétement l'offre par eux faite de condenser les vapeurs de leur Fabrique projetée, il n'y aurait plus lieu à opposition de notre part ; mais jusqu'à ce jour les fabricans de soude n'ont pu parvenir à condenser les gaz délétères qui s'échappent de leurs ateliers pendant la décomposition du muriate de soude ( sel marin ) par l'acide sulfurique; donc les sieurs Mallez, frères, ne pourront en venir à bout; donc ils promettent ce qu'ils n'ont pas la puissance de tenir ; donc leur offre est un faux-fuyant pour surprendre la religion des premiers Administrateurs.

On peut répondre aux Opposans que les Fabriques de soude factice ne sont pas encore assez anciennes pour que les procédés actuellement employés pour leur exploitation soient portés au plus haut point de perfectionnement où ils puissent espérer d'atteindre. Les vapeurs qui s'exhalent de ces Fabriques sont déjà condensées en Angleterre ; et les sieurs Mallez, frères, doivent être encouragés à faire jouir notre pays des avantages précieux de cette nouvelle méthode. Mais ces procédés ne fussent-ils encore connus en aucun lieu, serait-ce une raison de croire à leur impossibilité?

Pour se faire une idée des pas de géant qu'a fait la chimie appliquée aux arts, depuis une trentaine d'années, il suffit de se rappeler que Fourcroy écrivait en 1792 :

« On sent aujourd'hui le besoin de faire servir le mu-
» riate de soude ( sel marin ) à un usage très - important
» à l'extraction de la soude qui devient tous les jours de
» plus en plus rare , et dont l'emploi est très-nécessaire
» dans les arts. Plusieurs personnes possèdent ce secret en
» Angleterre, et retirent, en grand , la soude du sel de
» la mer. »

Ce fut un an après, en 1793 , que dans la France ,
cernée de toutes parts et privée de tout commerce extérieur , le Gouvernement fit un appel à l'industrie nationale,
et voulut suppléer à la disette de la soude naturelle par
l'établissement de plusieurs Fabriques de soude factice.
Un arrêté du Comité du salut public enjoignit, à tous ceux
qui se seraient occupés de cet objet important , de faire
connaître leurs procédés.

Alors parurent plusieurs moyens d'obtenir la soude sans
recourir aux étrangers. Celui-ci proposa de faire des sou-
dières artificielles , comme on pratique des nitrières pour
le salpêtre. Celui-ci entreprit de décomposer le muriate
de soude par l'intermède de la pyrite martiale. Un autre
voulut opérer cette décomposition par le moyen de la
chaux ; un autre, par l'intermède du sulfate de fer ; un
autre enfin , et ce fut le sieur Le Blanc , par l'intermède
de l'acide sulfurique.

On conçoit facilement qu'avant d'arriver au point où
cette fabrication est parvenue , depuis quelques années ,
il a fallu beaucoup d'essais , beaucoup de tâtonnemens.

Le bien ne peut venir qu'après le mal, et ce n'est qu'après le bien que le mieux arrive.

Or, de même que dans la fabrication de l'acide sulfurique on est enfin parvenu à empêcher la déperdition du gaz sulfureux, qui n'avait lieu qu'au détriment du fabricant ; n'est-il pas dans l'ordre naturel des choses, que l'on perfectionne aussi la sulfatisation, au point de condenser le gaz acide muriatique qui s'exhale pendant la décomposition du muriate de soude, et dont le fabricant peut tirer un parti avantageux ? Il n'y a que des hommes peu familiarisés avec les arts nouveaux, qui puissent révoquer en doute les progrès ultérieurs que les sciences et les arts chimiques sont dans le cas de faire, surtout quand l'intérêt du fabricant se trouve d'accord avec l'intérêt général.

Les Opposans continuent : « Les sieurs Mallez, frères, sollicitèrent, en 1816, l'autorisation d'établir, dans le v..l'on de Friguières, *une fabrique de sulfate et de carbonate de soude à vases ouverts.* Les nombreuses oppositions qui se présentèrent les portèrent à renoncer à leur projet. Ils se désistèrent de leur demande, *sauf à y revenir.* Si donc ils y *reviennent* aujourd'hui, c'est pour arriver au même but par une voie détournée. »

Voilà certainement le langage de la prévention. Si, en 1816, les sieurs Mallez, frères, ont sollicité l'autorisation d'établir, dans le vallon de Friguières, *une Fabrique de sulfate et de carbonate de soude à vases ouverts;* c'est qu'à cette époque ils n'avaient point encore perfectionné les appareils condensateurs qu'ils peuvent employer aujourd'hui. Ils n'ont retiré leur première demande que pour en former une par la suite, qui, portant sur des bases nouvelles, fût une preuve du désir qu'ils ont de perfectionner leur art, et de lui enlever tout ce qui pourrait servir de prétexte à la défaveur. Si l'idée d'opérer cette grande amélioration ne leur était venue, ils auraient persisté dans leur première demande; et, sans doute, les mêmes motifs qui ont engagé le Gouvernement à protéger les autres Fabriques du même genre, qui existent à Septèmes, l'auraient engagé à protéger également celle-ci, qui aurait été établie dans un vallon encore plus écarté.

A la vérité, il y eut des Opposans à leur première demande; mais sur quels motifs appuyaient-ils leur opposition ? Sur des craintes exagérées, sur des appréhensions d'autant moins fondées que le vallon de Friguières, est, en quelque sorte, isolé du reste du monde. La moindre distance des terres des propriétaires Opposans, est de 200 mètres de l'emplacement où la Fabrique projetée doit être construite ; et il y en a qui sont situées à 900 et à 1200 mètres. D'ailleurs alors, comme aujourd'hui, à quelques oppositions vagues et mal fondées, les sieurs Mallez, frères, pouvaient répondre par les déclarations de quantité de propriétaires, agriculteurs et habitans très-voisins, qui ont affirmé n'entendre s'opposer, d'aucune manière, à l'établissement projeté.

4 *

Si donc les sieurs Mallez ont renoncé à leur première demande, c'est uniquement dans la vue de perfectionner les procédés de la fabrication de la soude, et de rendre par là, un service essentiel aux habitans de Septèmes, qui n'auront plus, dès que ces procédés seront suivis et imités, aucune crainte à concevoir sur les effets de ces vapeurs, plus incommodes encore qu'elles ne sont dangereuses.

Comment les Opposans peuvent-ils dire sérieusement que les sieurs Mallez, frères, ne font aujourd'hui que renouveler leur première demande, et que leur intention secrète est *d'arriver au même but par une voie détournée!*

En 1816 ils demandaient d'établir une Fabrique de sulfate et de carbonate de soude à *vases ouverts.*

Aujourd'hui en demandant d'établir une Fabrique de sulfate et de carbonate de soude, ils prennent l'engagement *d'en condenser les vapeurs;* donc, ils demandent par cela même autant, et nous osons dire plus, que s'ils s'étaient servis de l'expression de Fabrique de soude à *vases clos.*

Ces deux demandes sont si distinctes que par la première, la Fabrique se trouvait placée dans les établissemens de *première classe;* pour la création desquels il est nécessaire de se pourvoir d'une autorisation de Sa Majesté en Conseil d'Etat, et que par la demande actuelle, la Fabrique n'est plus comprise que dans les établissemens de la *seconde classe,* dont l'éloignement des habitations n'est pas rigoureusement nécessaire.

Si les sieurs Mallez, frères, ne se sont pas servis de l'expression *à vases clos*, celles qu'ils ont cru devoir employer, sont plus rassurantes encore. Ils ont voulu faire entendre que les procédés qu'ils emploiraient, seraient plus sûrs et plus complets que tous ceux qu'on a employés jusqu'à ce jour, dans les Fabriques de soude *à vases clos*, pour arriver au but désirable de captiver les gaz qui s'exhalent pendant les opérations de la fabrication.

C'est donc par une vaine chicane, par une subtilité de procureur qu'on les accuse d'avoir *adopté un système évasif; de s'être placé hors des termes de la loi; et d'avoir voulu éviter son application par un tour d'adresse.*

Loin de vouloir rester au-dessous de l'idée qu'on a des Fabriques de soude *à vases clos*, leur intention réelle, nous le répétons, a été d'aller au-delà; et, sans doute, l'Autorité ne s'est pas méprise sur cette intention, que la malveillance seule a pu méconnaître.

« Si les sieurs Mallez, frères, continuent les Opposans, avaient l'assurance de condenser les vapeurs de leur Fabrique, ils ne l'établiraient pas *dans le vallon isolé, où ils veulent se reléguer*; ils l'établiraient à Marseille. »

Cette objection n'est pas mieux fondée que toutes les autres. Si la loi permet, aux fabricans de soude *à vaisseaux clos*, de s'établir dans le sein même des villes, les sieurs Mallez, frères, doivent pouvoir, sans obstacle, se placer dans le vallon isolé de Friguières. Mais s'y *relèguent-ils* comme le prétendent les Opposans, *par la conviction où ils sont de l'insuffisance de leurs procédés, et dans l'espoir de s'y procurer une impunité entière ?* La seule malveillance peut le supposer. Ils n'ont adopté ce vallon, que l'on reconnaît pour être entièrement sauvage, que parce qu'il est dans le voisinage de leur Fabrique d'acide sulfurique établie à Septèmes ; et encore parce qu'il est plus rapproché des mines de charbon de Gardanne, de Trets et de Fuvéau, ainsi que des carrières de carbonate calcaire, que la nature semble avoir tout exprès placées au quartier St.-Antoine et à Septèmes même, comme pour favoriser le genre d'industrie des fabricans de soude factice.

«Mais, ajoutent les Opposans, si les sieurs Mallez avaient foi en leurs procédés, ils n'en feraient aucun mystère; ils nous en donneraient pleine et entière connaissance. »

Quoi! si ces procédés ont encore, en France, quelque nouveauté; si les sieurs Mallez attachent quelque amour-propre et quelque intérêt à les employer avant que les autres Fabriques les imitent, vous voulez que ces Messieurs ne se bornent point à les faire connaître à des Commissaires instruits et discrets, nommés par l'Autorité; qui lui en feront un rapport; vous voulez encore en avoir connaissance vous-mêmes; vous, sur l'instruction et sur la discrétion de qui les sieurs Mallez, frères, ne peuvent compter? La loi, que vous connaissez si bien et que vous entendez si mal, ne dit pas cela.

La loi porte : « La seconde classe comprend les Manu-» factures et ateliers dont l'éloignement des habitations

» n'est pas rigoureusement nécessaire ; mais, dont il im-
» porte néanmoins de ne permettre la formation *qu'après*
» *avoir acquis la certitude*, que les opérations qu'on y pra-
» tique sont exécutées de manière à ne pas incommoder
» les propriétaires du voisinage, ni à leur causer des
» dommages.

» Dans cette seconde classe sont comprises les Fabriques
» de soude *à vases clos.* »

D'après le texte de cet article , il est clair que la *certitude*
*doit être acquise* par celui qui *doit permettre la formation*
de l'établissement.

Or , qui doit permettre la formation de l'établissement ?
C'est l'Autorité. Donc, il suffit que la certitude soit acquise
par l'Autorité.

A cet égard , les sieurs Mallez, frères, loin de se refuser à une communication que la loi désire et qu'ils regardent comme indispensable, sont les premiers à la
provoquer. Non-seulement ils sollicitent qu'il soit nommé
des Commissaires instruits pour examiner les procédés qu'ils
doivent employer; mais, voici de quelle manière ils ter-
minent la dernière adresse qu'ils ont faite à M. le Comte
de Villeneuve , préfet du département des Bouches-du-
Rhône.

« Nous offrons pour garantie de nos engagemens de faire
» examiner notre nouvel établissement lorsqu'il sera *formé*,
» par les mêmes chimistes qui auront primitivement pris
» connaissance de notre procédé. Nous vous prierons, Mon-

» sieur le Comte, de nous faire l'honneur de les accom-
» pagner. Nous ferons la même prière à M. le Maire de
» Marseille, à M. le Baron de Damas, à M. le Direc-
» teur des Douanes royales, et à M. l'Ingénieur en chef
» des ponts-et-chaussées de ce département, et si le résultat
» ne correspondait point à nos promesses, nous nous obli-
» geons à faire démolir, à nos frais, notre nouvelle
» Fabrique. »

Après des offres et des propositions aussi franches, dira-t-on encore qu'elles sont un faux-fuyant pour abuser l'Autorité ? Osera-t-on encore exiger ce que la loi n'ordonne pas, la communication préalable des procédés à chacun des Opposans ? Mais quand il est prouvé, par chaque page de leur Mémoire, que les plus habiles d'entr'eux tombent, à chaque instant, dans les erreurs les plus graves sur les procédés actuels de la fabrication de la soude et de l'acide sulfurique, et sur les effets qui en résultent; quand il est manifeste que ceux d'entr'eux qui ne sont pas illitérés, ne connaissent rien en chimie, ce qui est très-pardonnable ; car on peut ignorer la chimie, et cependant être fort honnête homme; quand il est de la dernière évidence que ces Messieurs confondent les diverses espèces de gaz, et font des calculs à eux, qui s'écartent de tous ceux qu'ont faits, jusqu'à ce jour, les chimistes les plus célèbres, faudra-t-il soumettre au jugement de la prévention et de l'ignorance des procédés qui ne peuvent être appréciés que par des hommes qui soient au niveau des connaissances actuelles ?

Qu'il nous suffise de répéter que les sieurs Mallez, frères, sollicitent eux-mêmes l'examen de leurs procédés par des chimistes dignes de ce nom. L'Autorité les choisira parmi les savans que l'Académie de Marseille possède dans son sein. Elle y adjoindra des hommes probes et éclairés, capables de puiser, dans des épreuves suivies, cette *certitude*, qui signifie nous dit-on, d'après le dictionnaire de l'Académie Française, *assurance pleine et entière, stabilité constante, permanente, perpétuelle;* et sur le rapport de cette Commission, l'Autorité prendra une décision raisonnée, une décision équitable. Cette marche, la seule voulue par la loi, est la seule aussi qui soit dans le véritable intérêt de toutes les parties.

Les Opposans se perdent en conjectures sur la nature des procédés que les sieurs Mallez, frères, doivent employer, et qu'ils ne doivent raisonnablement communiquer qu'à l'Autorité. On dirait, à les entendre, que l'on n'a jamais essayé de condenser les vapeurs qui s'échappent des ateliers, où l'on décompose le muriate de soude.

Mais d'abord, dans la nomenclature annexée à l'ordonnance du Roi, du 14 janvier 1815, se trouvent rangées à la seconde classe, les Fabriques de sulfate de soude *à vaisseaux clos.*

Toutes les fois qu'on prépare le sulfate de soude *à vaisseaux clos*, les vapeurs sont nécessairement condensées et ne se répandent point dans l'atmosphère.

Comment se fait-il donc qu'on ose nier la possibilité

de condenser les vapeurs muriatiques ? Ceux qui ont rédigé la nomenclature des Fabriques seraient-ils des ignorans? Cela n'est pas croyable.

Pour décomposer, nous dit-on, telle ou telle quantité de sel il faudrait des appareils immenses. Cela est vrai ; mais lorsqu'on voit aujourd'hui des chambres de plomb de 5o à 6o mille pieds cubes de capacité, ne doit-on pas être étonné du développement extraordinaire qui a été donné, dans ces derniers tems, à la fabrication de l'acide sulfurique? Cet acide se fabriquait, très-anciennement, dans des cloches de verre; c'est pourquoi il fut d'abord appelé *spiritus sulfuris per campanam.*

Qui vous a dit, peuvent répondre les sieurs Mallez, frères, que nous nous proposons de fabriquer telle ou telle quantité de soude? Qui vous a appris que telle ou telle quantité d'eau nous sera nécessaire? Tout cela ne vous compète point.... C'est à nous à proportionner nos appareils condensateurs, aux masses de sulfate que nous voulons produire. Il suffira à l'Autorité de s'assurer que le gaz acide muriatique ne se répand point dans l'atmosphère. Les dimensions de nos appareils, leur entretien, leur construction, leur coût, ne regardent que nous. Il est bien étrange, Messieurs les Opposans, que vous vous permettiez de mesurer nos facultés pécuniaires, nos moyens industriels ; et surtout que vous perdiez votre tems à établir des calculs sur des bases qui vous sont tout-à-fait inconnues !........

Qu'il suffise, pour le moment, aux sieurs Mallez, frères, sans dévoiler des procédés dont ils ne doivent la communication qu'à MM. les Commissaires qui seront nommés par l'Autorité ; qu'il leur suffise, dis-je, d'apprendre aux Opposans que des travaux considérables ont déjà été entrepris par divers savans pour trouver des moyens sûrs de captiver le gaz acide muriatique qui s'exhale pendant les opérations de la fabrication de la soude.

L'Académie de Marseille décerna, en 1812, un prix de 600 francs à l'auteur du meilleur mémoire sur cette question qu'elle avait proposée : *Quelle est la meilleure méthode à suivre pour la fabrication de la soude ?* L'Académie avait demandé, subsidiairement, quels seraient les moyens les plus économiques et les plus sûrs pour captiver les gaz capables de nuire, par leur nature, au voisinage de ces mêmes ateliers.

L'auteur de l'excellent mémoire couronné, M. B. Rougier, fait un tableau des différens essais que l'on a tentés, en divers pays, avec plus ou moins de succès.

Dans les pays où les poteries de grès sont à bon compte, on peut façonner des espèces de cruches, ou ballons, d'une capacité suffisante pour qu'ils puissent contenir 50 à 60 livres chacun de sel marin, et l'acide sulfurique nécessaire à 50 degrés. En disposant ces vaisseaux par quatre ou par six sur des galères, on peut recueillir le gaz acide muriatique à l'aide d'un tuyau de plomb recourbé, luté à l'embouchure du ballon, qui se rend dans des tonneaux, dont le tiers de la capacité est plein d'eau commune simple, ou mêlée de chaux vive. Ces appareils sont d'une exécution facile. Le feu, une fois appliqué au-dessous de ces vases, et bien menagé dans le commencement, met le mélange en ébullition. Durant cette ébullition le gaz, qui se dégage, est dirigé sur la surface de l'eau, car le tube, qui le conduit, ne doit pas y plonger, mais il doit seulement arriver à un pouce de la surface. La grande affinité de l'eau pour l'acide muriatique en vapeurs, fera que celle-ci absorbera facilement le gaz chaud, et mieux encore si l'on a mêlé de la chaux vive dans le tonneau récipient. Dans ce cas, il se formera du muriate de chaux.

On a tenté des moyens plus en grand pour retenir le gaz acide muriatique. A Rouen, M. Descroizilles proposa une tour remplie de pierres calcaires, et le gaz devait, en passant au travers de ces pierres, être arrêté, du moins en très-grande partie. M. Pelletan indiqua un courant d'eau dans une espèce d'aqueduc, ou canal, dans lequel les vapeurs, sortant du fourneau de décomposition, devaient passer. A l'extrémité de ce canal, s'élevait perpendiculairement, le tuyau de cheminée par lequel devaient s'échapper, dans l'atmosphère, les gaz produits par le combustible.

L'auteur du Mémoire expose ensuite ses propres idées, et nous renvoyons à cet écrit important, publié dans le tome X des Mémoires de l'Académie de Marseille, ceux que ces essais peuvent intéresser.

Que les Opposans apprennent toutefois s'ils l'ignorent encore, qu'à Septèmes, depuis quelques tems, on s'occupe déjà à faire des canaux ou conduits absorbans, qui ont la propriété de neutraliser les vapeurs muriatiques. Ces sortes de canaux sont pratiqués sur le penchant des collines qui entourent, en général, les Fabriques de soude. Ils sont construits en pierres calcaires. Ils ont jusqu'à présent 100 et 200 mètres de longueur. Les vapeurs muriatiques sont dirigées dans ces canaux, où elles se combinent avec la terre et les pierres calcaires, pour former du muriate de chaux.

Il existe déjà trois de ces canaux absorbans dans trois Fabriques, et ils produisent les effets les plus satisfaisans. Nul doute que les fabricans injustement persécutés par des voisins toujours inquiets et jaloux, ne tendent à se délivrer, par ce moyen, des plaintes peu fondées de la plupart d'entr'eux. Il n'est point de fabricant qui refusât de réparer des dommages dont il serait réellement la cause ; mais il arrive trop fréquemment que les voisins demandent à être indemnisés pour les ravages occasionés par l'intempérie des saisons, et que les Experts chargés de la vérification des prétendus dommages, se laissent entraîner par la prévention. Dans le doute, ils décident en faveur du propriétaire contre le fabricant. Il suffit, pour se convaincre de l'excès où sont poussés les abus dans ce genre, de se rappeler ce qui vient de se passer relativement à la sécheresse extrême, dont ces contrées ont été frappées dernièrement. N'a-t-on pas vu une multitude de personnes sensées et raisonnables admettre que les Fabriques de soude peuvent repousser les nuages et nous priver de la pluie ? Cette opinion, trop accréditée chez le peuple, a exposé quelques établissemens à être dévastés ou incendiés.

Il importe donc essentiellement aux fabricans eux-mêmes de s'occuper des moyens d'absorber les vapeurs muriatiques, non pas parce qu'elles sont aussi nuisibles qu'on affecte de le croire, ou de le dire, mais pour se soustraire aux vexations, aux injustices que la méchanceté enfante. Ces précautions seraient sans doute inutiles, si l'on n'élevait que des réclamations fondées contre les fabricans : mais les exagérations sont telles qu'il faut, nous le répétons, avoir recours aux grands remèdes ; il faut ôter tout prétexte à l'envie, à la malice, aux préjugés, qui attaquent toujours les découvertes utiles. On a vu de tout tems les choses nouvelles en butte aux cabales de l'ignorance et de la méchanceté. Nous pourrions en citer une foule d'exemples. L'usage de l'huile d'œillette, le tartre émétique, l'introduction du sang de bœuf dans le raffinage du sucre, l'imprimerie, l'emploi du charbon de terre, l'usage du café, ont éprouvé les plus singulières et les plus étonnantes contradictions. L'imprimerie et le café surtout ont occasioné des mouvemens séditieux, l'une en Europe, l'autre en Asie. Comment la fabrication de la soude échapperait-elle à la commune loi ? Quoique nous vivions dans un siècle de lumières, les passions, enfantées par l'intérêt particulier, aveugleront toujours les hommes. Mais les siècles s'écoulent, et les découvertes vraiment utiles restent. L'imprimerie a triomphé ; nous brûlons du charbon de terre ; l'usage du café est devenu général ; et non-seulement on continuera de fabriquer de la soude, mais nous en fournirons à l'étranger. Déjà plus de 20000 quintaux de cette matière ont été exportés. La nature, qui a tout fait pour la France, a particulièrement entouré nos contrées des matériaux nécessaires pour ce genre d'industrie. Partout on rencontre la craie, le charbon et le salpêtre. Des salins immenses nous offrent le plus beau sel marin qui existe dans le monde. Nous ne demandons à l'étranger qu'un peu de soufre, et c'est dans le port de notre ville de Marseille qu'il arrive.

« Mais, ajoutent encore les Opposans, si l'établissement projeté des sieurs Mallez, frères, n'inspirait de justes craintes aux propriétaires des environs, la liste de ceux qui ont formé opposition à leur demande ne serait pas aussi nombreuse. L'Autorité ne peut fermer l'oreille à des réclamations de cette nature. »

Que de réponses n'auraient pas à faire à cette nouvelle objection les sieurs Mallez, frères ! Que de détails n'auraient-ils pas à donner sur les moyens employés par les chefs de l'Opposition pour accroître le nombre des signataires !

Il est à remarquer que toute l'enquête, en ce qui concerne les Opposans, se réduit à deux ou trois oppositions motivées que des habitans illitérés ont ensuite signées aveu-

glément; et que ces deux ou trois oppositions ne sont motivées que sur des faits erronés, et sur des calculs dont
l'inexactitude peut se démontrer jusqu'à l'évidence.

C'est ainsi que, pour prouver que la condensation des
vapeurs muriatiques est une opération tout-à-fait impraticable, ces Messieurs, après un calcul de leur façon,
prétendent que, pour condenser 93,440 pieds cubes de
gaz acide muriatique, les sieurs Mallez, frères, devraient
y employer, chaque jour, 267 pieds cubes d'eau, ce
qui est, selon eux, *aussi impossible que d'élever la tour
de Babel.*

A quoi les sieurs Mallez, frères, répondent qu'ils ne
trouvent rien d'impossible à faire une consommation jour-
nalière de 267 pieds cubes d'eau; puisque leur seule fabrique d'acide sulfurique en consomme, chaque jour, une
plus grande quantité.

C'est ainsi que, pour continuer de prouver que la condensation des vapeurs muriatiques est impraticable, les
chefs de l'Opposition prétendent qu'on ne peut mettre que
3 ou 4 pouces d'eau dans les chambres de plomb; et que,
par conséquent, pour employer les 267 pieds cubes d'eau,
il faudrait construire une chambre de plomb de 1068
pieds carrés, qui coûterait quelques centaines de mille
francs; sacrifice que MM. Mallez, frères, ne seraient pas
disposés à faire.

A quoi les sieurs Mallez, frères, répondent qu'il est
vraiment pitoyable d'entendre les gens raisonner sur des

matières qu'ils ne connaissent pas; que la vérité est qu'il y a des chambres de plomb qui contiennent 18 à 24 pouces d'eau sur leur sol; et que cette eau, convertie en acide à 5o degrés, présente un poids énorme; que c'est une erreur insigne de porter, à quelques centaines de mille francs, la construction d'une chambre de 1068 pieds carrés; qu'un ouvrier plombier aurait appris aux Opposans que le pied carré de plomb, d'une ligne, ne pèse que sept livres poids de table; et que la chambre dont ils parlent ne coûterait pas mille écus.

C'est ainsi que les Adversaires, voulant faire un nouveau raisonnement pour déconcerter les sieurs Mallez, frères, s'expriment en ces termes : « Diront-ils que leurs » chambres de plomb n'auront point de soupapes, point » de moyens pour dégorger l'excédant des vapeurs? Ce » serait un piége : leurs chambres de plomb crèveraient » à tout moment; ce serait donc pire. »

A quoi les sieurs Mallez, frères, répondent : Nous avons, à Septèmes, quatre grandes chambres ou appareils en plomb. Ces chambres n'ont pas de soupapes qui puissent dégorger l'excédant des vapeurs; et quoique ces appareils travaillent jour et nuit, ils n'ont pas crevé une seule fois.

C'est ainsi que les Opposans, voulant prouver, dans leur intérêt, que les sieurs Mallez, frères, occasionent de grands dommages à la commune de Septèmes, s'expriment de la sorte : « De tems à autre, ils font ouvrir les cham» bres de plomb; il en sort alors une forte quantité de

» gaz acide sulfureux, qui suffoque ceux qui le respirent,
» et qui détruit la végétation. »

A quoi les sieurs Mallez, frères, répondent que le gaz
qui s'échappe de leur fabrique d'acide sulfurique n'est pas
du gaz sulfureux, mais seulement du gaz azote et du
gaz nitreux, ce qui est bien différent; et ce qu'ils prouvent
par le témoignage de l'Institut royal de France, par le
Rapport du Jury médical de Rouen, que nous avons fait
connaître, et par celui des chimistes les plus instruits de
Marseille.

A quoi ils répondent encore, par l'Arrêté rendu en
leur faveur par le Conseil de préfecture des Bouches-
du-Rhône, en date du 28 février 1817, lequel Arrêté
porte, dans un de ses considérans :

« Que les voisins les plus rapprochés, et notamment
» tous les employés des Douanes, dont les bureaux sont
» tout auprès de la Fabrique, attestent que, ni eux, ni
» leurs familles, n'ont jamais éprouvé aucune incommo-
» dité des exhalaisons de la Fabrique des sieurs Mallez ;
» et que des propriétaires, également rapprochés, attestent
» la même chose pour leurs propriétés.

» Que, de plus, il est attesté, par le Juge-de-paix,
» qu'il n'y a jamais eu de plaintes contre cet établisse-
» ment. »

Quant aux moyens employés par les chefs de l'Opposition
pour augmenter le nombre des signataires, on les suppose
facilement. Il est aisé d'alarmer des esprits faibles et igno-

rans. Des émissaires parcoururent les communes des environs
de Septèmes en 1816 , à l'époque de la première demande
qu'avaient formée les sieurs Mallez, frères. Ils parvinrent à
jeter l'épouvante parmi des villageois illitérés ; mais, dans plusieurs communes, ils trouvèrent de la résistance, et diverses pétitions adressées à S. Exc. le Ministre de l'intérieur
par les communes de Gardanne, de Greasque , de Saint-
Savournin , de Fuveau , *etc.*, sont une preuve matérielle
des intrigues que les Opposans firent jouer, dès cette époque, pour arriver plus sûrement au but qu'ils se pro-
posaient.

Voici la pétition qui fut adressée au Ministre, par la
commune de Gardanne :

     « Monseigneur,

     » Les soussignés habitans, propriétaires et cultivateurs
» de la commune de *Gardanne*, ont l'honneur de vous
» exposer qu'ils sont informés que quelques individus font
» circuler, dans les communes voisines de Septèmes, des
» pétitions, dont le but est d'empêcher la formation d'un
» nouvel établissement de soude dans ledit lieu de Sep-
» tèmes. Nous déclarons que, non-seulement, nous n'é-
» prouvons aucun effet funeste de la part des fabriques
» déjà existantes, depuis plusieurs années, mais qu'au
» contraire, ces établissemens sont pour nous du plus
» grand avantage, puisqu'ils procurent un immense dé-
» bouché de charbon de pierre, qui est extrait des mines

6 *

» situées dans le territoire de cette commune. Ce charbon
» étant ensuite transporté par les voituriers de nos contrées,
» ceux-ci entretiennent une plus grande quantité de bes-
» tiaux, dont les produits tournent au profit de l'agricul-
» ture; en conséquence, nous pensons qu'on ne saurait
» s'opposer à la création d'une nouvelle Fabrique à Sep-
» tèmes ou dans ses environs, sans porter un préjudice
» notable aux habitans, propriétaires et cultivateurs de
» notre contrée. C'est pourquoi nous vous supplions,
» Monseigneur, d'employer tous vos moyens pour protéger
» et encourager la formation de ces nouveaux établisse-
» mens. »

*Suivent les signatures des principaux habitans et proprié-
taires au nombre de quarante ; lesdites signatures bien et
duement légalisées par* M. VAUSSAN, *Maire de Gardanne.*

Cette Adresse, et plusieurs autres du même genre, que
nous pourrions citer ( celle de la commune de Fuveau,
entr'autres revêtue de plus de soixante signatures ) prouvent,
1.º que les Opposans ont tenté, dans toutes les communes voisines, de faire des ennemis aux Fabriques de produits chimiques ; 2.º que leurs menées ont échoué en
plusieurs endroits ; 3.º que ces Fabriques, que l'on nous peint
comme un véritable fléau, ces Fabriques, dont on exagère,
d'une manière ridicule, les inconvéniens actuels, et dont on
voudrait aujourd'hui repousser le perfectionnement, comme
si l'on craignait de perdre un jour l'occasion et le prétexte
de s'en plaindre, quand il sera bien avéré qu'elles n'exha-

lent plus aucunes vapeurs quelconques, ont encore plus
de partisans, plus de défenseurs qu'elles n'ont de détrac-
teurs et [d'ennemis; que dans leur état actuel , les servi-
ces immenses qu'elles rendent sont infiniment au-dessus de
quelques dégâts qu'on les accuse d'occasioner; et que les
sieurs Mallez, frères, qui vont employer de nouveaux
procédés, des procédés infaillibles, pour captiver les vapeurs
muriatiques, loin de trouver des oppositions à leur demande, ne devraient recevoir que des actions de grâces,
puisqu'en supposant même que le mal produit par les Fabriques de soude fût aussi grand que les Opposans le font,
le but que se proposent les sieurs Mallez, frères, est d'y
remédier d'une manière absolue.

Or, maintenant qu'il est prouvé par le témoignage de
plusieurs communes que dès l'année 1816 les adversaires
ont employé intrigue sur intrigue pour susciter des Opposans à la demande formée par les sieurs Mallez, frères,
ne faut-il pas conclure de ce fait que ces sourdes menées
se sont renouvelées en 1818? N'en faut-il pas conclure
que des émissaires se sont répandus à Albertas, à Simiane,
à Cabriès, pour alarmer les esprits faibles, épouvanter
les ignorans, et extorquer des signatures ?

Le Mémoire des Opposans est fait, nous dit-on, *par
les Propriétaires de biens-fonds situés dans les communes de
Septèmes, Simiane, Albertas et Cabriès*, et au quartier
*Saint-Antoine, territoire de Marseille.* Ce Mémoire est
signé par un certain nombre d'individus qui sont tous

qualifiés du titre de *Propriétaires*. Ne semblerait-il pas résulter de là que des *Propriétaires seuls* doivent figurer sur ces listes? On le croirait ainsi, d'autant plus, que les Opposans reprochent, dans ce Mémoire même, aux sieurs Mallez, frères, «d'avoir fait présenter quelques individus, la plu-
» part très-obscurs et *non-Propriétaires*, pour soutenir l'éta-
» blissement de la Fabrique projetée. » Et cependant, il faut le dire : les Adversaires ont été là-dessus assez peu scrupuleux pour oser faire figurer, comme signataires de leur Mémoire, des gens bien autrement obscurs, bien autrement dénués de propriétés que ceux présentés par les sieurs Mallez. Qu'on veuille bien jeter les yeux sur la pièce suivante qui éclaircira, à cet égard, tous les doutes que l'esprit du lecteur aurait pu concevoir.

« Nous, Adjoint du Maire de Septèmes, certifions, en
» faveur de la vérité, que plusieurs des personnes de cette
» commune, que l'on fait paraître comme ayant pris part
» au Mémoire des propriétaires de diverses communes,
» contre MM. Mallez, frères, n'y ont pris aucune part ;
» et que plusieurs autres que l'on dit être propriétaires à
» Septèmes, et que l'on fait signer comme tels, ne le
» sont point. En conséquence, nous déclarons que leurs
» signatures n'auront pu être apposées audit Mémoire,
» qu'après notre légalisation. En foi de quoi, nous avons
» délivré le présent, pour servir et valoir au besoin.
» Fait en Mairie, à Septèmes, le 3 juin 1818.

*Signé*, RAPHAEL, *adjoint.* »

Que pourrions-nous ajouter maintenant qui démontrât mieux les menées de l'intrigue, contre un projet d'établissement dont on veut absolument contester la possibilité, et méconnaître les avantages? Si les sieurs Mallez, frères, n'étaient persuadés que la conviction la plus entière résulte pour tout lecteur impartial de tout ce qui vient d'être dit, ils continueraient l'examen du Mémoire des Opposans, et ils y trouveraient, à chaque phrase, de nouvelles preuves de malveillance et de prévention. Mais à quoi bon prolonger une discussion que nous regardons désormais comme terminée?

C'est l'Autorité compétente, celle du Conseil de préfecture, qui doit statuer sur la demande des sieurs Mallez frères; et ces derniers peuvent se reposer sur les lumières et sur l'impartialité des Administrateurs qui sont appelés à s'en occuper.

L'Autorité pèsera, dans sa sagesse, les avantages précieux qui peuvent résulter du nouvel établissement dont les sieurs Mallez, frères, sollicitent la formation. Elle se hâtera de nommer des Commissaires instruits, et chargés de prendre connaissance des moyens que ces fabricans doivent employer pour condenser les vapeurs muriatiques. Les sieurs Mallez, frères, opèreront devant eux, non pas en petit, comme l'appréhendent les Opposans, mais en grand, et de manière à ne laisser aucun doute sur la réalité des résultats.

L'Autorité, éclairée par ses propres lumières, et par

le Rapport de la Commission, permettra, avec d'autant plus de justice, aux sieurs Mallez, frères, d'établir leur Fabrique nouvelle dans le vallon de Friguières, que ces Messieurs ont déjà pris, vis-à-vis d'elle, l'engagement solennel de détruire, à leurs propres frais, leur établissement, si, quand il sera construit, les résultats ne correspondent point aux promesses qu'ils ont faites, et ne sont pas en tout conformes à ceux qui auraient été obtenus par la Commission.

Par là, l'Autorité s'associera, en quelque sorte, à l'heureuse révolution que va faire, dans la fabrication de la soude, l'emploi des moyens condensateurs de sieur Mallez, frères. Ces moyens, employés bientôt par tous les Fabricans de Septèmes, auront l'avantage de captiver les gaz qui s'échappent pendant la sulfatisation. Il n'y aura plus lieu, dès-lors, à la plus légère réclamation de la part des propriétaires environnans : *pas le moindre petit procillon*, pour nous servir des expressions de l'avocat Patelin, qui ne les employait pas sans un sentiment de regret. Les autres Fabriques de soude factice, situées sur divers points du royaume, voudront participer au même avantage; et il sera glorieux, pour le département des Bouches-du-Rhône, de leur avoir tracé, à cet égard, la marche qu'elles doivent suivre.

MALLEZ, Frères.

# CONSULTATION.

LES SOUSSIGNÉS, qui ont eu plusieurs conférences avec les sieurs MALLEZ, frères, et qui ont lu et mûrement examiné, 1º la pétition par laquelle lesdits sieurs Mallez, frères, ont demandé l'autorisation d'établir, dans le vallon de Friguières, territoire de Septèmes, une Fabrique de sulfate et de carbonate de soude, sous l'offre d'en condenser les vapeurs ;

2º Le Mémoire de divers habitans, ou possédans biens dans le territoire des communes voisines, qui ont formé opposition à l'établissement de cette Fabrique ;

3º La Consultation délibérée dans l'intérêt des Opposans par plusieurs avocats de Marseille, le 4 mai dernier ;

4º Enfin le Mémoire des sieurs Mallez, frères, contenant la réfutation des motifs allégués par les Opposans ;

ESTIMENT que le Conseil de Préfecture auquel l'art. 7 du décret du 15 octobre 1810, attribue la connaissance de cette affaire, ne saurait refuser aux sieurs Mallez, frères, l'autorisation qu'ils ont demandée.

Les Soussignés n'ont pas à prendre ici la défense des intérêts de l'industrie française. L'expérience de quelques années a suffi pour dissiper les préventions dont l'ignorance et les préjugés avaient d'abord environné les Fabriques de produits chimiques. L'utilité de ces établissemens, leur importance dans la balance du commerce, sont aujourd'hui bien

7

reconnues, et ce n'est pas devant un Conseil de Préfecture aussi éclairé qu'on pourrait les contester.

Les Opposans ont cependant allégué des motifs, qui, s'ils étaient fondés, mériteraient d'être pris en considération.

Ils ont prétendu que les sieurs Mallez, frères, ne parviendraient pas à captiver les vapeurs d'acide muriatique, et que ces vapeurs, s'échappant de leur Fabrique, incommoderaient les voisins, nuiraient à leur santé et porteraient un préjudice notable à la végétation.

Le mémoire des sieurs Mallez a répondu avec autant d'ordre que de clarté à ces diverses allégations.

Leurs réponses aux objections proposées, sont péremptoires. Elles portent d'ailleurs un caractère de modération et de simplicité, qui contraste singulièrement avec l'exagération et la passion qui se font constamment remarquer dans le mémoire des Opposans.

Les Soussignés regardent donc comme inutile toute nouvelle discussion à cet égard. Ils ne pourraient d'ailleurs que répéter ce que les sieurs Mallez, frères, ont déjà dit d'une manière qui porte avec elle la démonstration de l'évidence et la conviction.

S'il s'agissait d'une fabrication à vases ouverts, les Soussignés auraient peut-être ajouté quelques considérations à celles qui ont été si bien présentées par les Consultans.

Ils auraient opposé, à l'allégation d'insalubrité, la santé robuste des ouvriers employés dans les Fabriques de soude, l'accroissement de la population de Septèmes et la diminution de la mortalité de ses habitans, prouvée par les registres de l'état civil. Ils auraient fait remarquer que l'acide que les Opposans présentent comme dangereux pour la santé, a précisément l'heureuse propriété d'assainir l'air et est employé, depuis long-tems, comme le moyen le plus efficace de désinfecter les lieux contagiés, et de purger les marchandises suspectes de peste.

A l'allégation du dommage aux récoltes, ils auraient opposé la richesse de la végétation dans les terres les plus rapprochées des Fabriques, et les nombreux rapports d'expertise qui ont prouvé l'exagération et l'injustice des plaintes de quelques voisins inquiets ou cupides.

Enfin, à l'allégation d'incommodité, ils auraient opposé l'isolement du vallon de Friguières, son éloignement des terres cultivées, et surtout l'importance de la fabrication que les demandeurs se proposent d'entreprendre, importance telle qu'on ne pourrait pas la mettre en balance avec quelques légers inconvéniens.

Les Soussignés ne craignent donc pas d'avancer que, si les sieurs Mallez, frères, avaient demandé l'autorisation de former un établissement de première classe, c'est-à-dire à vases ouverts, elle aurait dû leur être accordée, surtout en considérant que le vallon de Friguières, environné de rochers calcaires, condamnés à une éternelle stérilité, est encore bien plus isolé que les autres montagnes de Septèmes, sur lesquelles des établissemens de même nature sont exploités depuis long-tems.

( 4 )

Mais, les sieurs Mallez n'ont demandé que l'autorisation d'une Fabrique de seconde classe. C'est à vaisseaux clos qu'ils exploiteront leur Fabrique. Les vapeurs d'acide muriatique, dont les Opposans ont si fort exagéré les ravages, seront condensées et absorbées dans les appareils : il ne s'en échappera pas le plus léger atome.

Il est vraiment extraordinaire que lorsque ces Fabricans annoncent que les vapeurs, provenant de la sulfatisation, seront retenues et condensées dans des vaisseaux clos, les Opposans se fondent sur les effets nuisibles que ces vapeurs pourraient occasioner si elles s'échappaient sur les terres voisines.

On l'a déjà dit.

Si les sieurs Mallez, frères, devaient exploiter leur établissement à vases ouverts, et si les vapeurs devaient se perdre dans l'atmosphère, il serait convenable d'examiner si leur Fabrique, placée dans le vallon de Friguières, pourrait nuire même aux terres végétales qui en sont les plus rapprochées.

Cet examen prouverait encore mieux, que l'opposition n'est que l'effet d'une injuste prévention, et qu'il faut la considérer comme le fait de quelques particuliers, qui, ayant voué une haine aveugle aux nouvelles Fabriques, ont sollicité l'adhésion de tous ceux dont ils ont pu obtenir la signature. Il aurait été facile de signaler, parmi les signataires, beaucoup de propriétaires dont les terres sont à une distance tellement considérable, que dans aucun cas elles ne pourraient être atteintes par les vapeurs.

Enfin les sieurs Mallez, frères, auraient pu faire valoir le consentement donné à leur demande par des propriétaires de terres bien plus rapprochées, propriétaires qui, étant de bonnefoi, reconnaissent que la nouvelle Fabrique ne pourra pas leur nuire.

Mais quoique cet examen fut entièrement à l'avantage des Consultans, les Soussignés s'en abstiendront parce qu'ils le considèrent comme inutile.

En effet, les sieurs Mallez, frères, ont déclaré dans leur demande *qu'ils recevront et condenseront, dans des vaisseaux clos*, les vapeurs acides qui se dégageront dans l'opération de la sulfatisation; ces vapeurs ainsi condensées, passeront de l'état gazeux à l'état liquide, et donneront de l'acide hydrochlorique propre à l'usage de diverses manufactures.

L'obtention de ce produit par la condensation des vapeurs est un des objets principaux que les Consultans ont en vue dans la formation de leur établissement.

Leur intérêt ne peut donc pas être de laisser perdre l'acide muriatique dans l'atmosphère. Ils veulent au contraire le retenir et le captiver pour l'utiliser.

Ainsi il ne faut pas perdre de vue que l'établissement, dont les sieurs Mallez, frères, ont demandé l'autorisation, a, non-seulement pour objet, la fabrication de la soude suivant les procédés usités jusqu'à présent, mais encore la condensation des vapeurs muriatiques et leur conversion en acide hydrochlorique par un procédé nouveau.

Les Opposans ont allégué que la condensation des vapeurs

est impossible, et que les Consultans tenteront inutilement de les maitriser.

Mais peuvent - ils affirmer que la condensation de ces vapeurs est impossible ? Ont-ils démontré cette impossibilité ? Leur appartient-il, enfin, de fixer des limites à la science, et de borner les progrès de l'art?

Chaque siècle laisse fort loin de lui le siècle qui l'a précédé. Sans remonter à des époques reculées, de combien de découvertes importantes les tems modernes ne se sont-ils pas enrichis? Il n'y a pas encore 5o ans qu'on aurait regardées, comme impossibles, des choses qui paraissent aujourd'hui les plus simples, et qui sont de la démonstration la plus facile.

La chimie surtout a fait des progrès immenses; mais ces progrès ne sont rien en comparaison de ceux qui lui sont encore réservés. Ne l'a-t-on pas vue, de nos jours, dérober à la nature, des secrets jusqu'alors réputés impénétrables, et trouver la puissance créatrice dans la science des affinités? Qui oserait circonscrire son avenir?

L'ignorance peut bien regarder, comme impossibles, les choses qui sont au-dessus de sa conception; mais si, incapable de tout effort d'imagination, elle se plait à vivre nonchalemment dans l'ornière de la routine et dans les souvenirs du passé, qu'elle ne prétende pas du moins imposer des bornes au génie et lui fixer des limites !

Les Opposans n'ont certainement pas donné une idée avantageuse de leur instruction, en avançant que la condensation des vapeurs acides était impossible.

Les sieurs Mallez ont trouvé des procédés certains pour obtenir cette condensation, dont le résultat présentera le double avantage de convertir, en produit utile, des vapeurs jusqu'à présent réputées nuisibles, et de mettre un terme aux réclamations que la prévention, et souvent la mauvaise foi, avaient beaucoup trop multipliées contre les Fabricans de produits chimiques.

Cette découverte aurait été remarquable dans d'autres tems : elle n'est aujourd'hui qu'une découverte ordinaire dont les sieurs Mallez, frères, sont loin de tirer vanité.

On est parvenu, depuis plusieurs années, à captiver et condenser l'acide sulfurique : est-il étonnant que, par les mêmes procédés, ou par des moyens plus puissans encore, on obtienne ce résultat pour l'acide muriatique ?

Les Opposans ont paru douter de la bonnefoi des sieurs Mallez, dont ils disent que les offres ne sont qu'un *leurre* pour tromper l'autorité.

On conçoit que les Opposans aient pu regarder comme impossible un procédé au-dessus de leur conception. Mais on a lieu d'être étonné qu'ils suspectent la loyauté des Consultans.

Les sieurs Mallez, frères, ont pris, envers l'autorité, l'engagement de condenser les vapeurs de leur Fabrique. C'est sous cette condition qu'ils ont demandé l'autorisation de leur établissement et qu'elle leur sera accordée. S'ils ne remplissaient pas leur obligation et si des préjudices s'en suivaient pour les voisins, rien n'empêcherait ceux-ci de demander la révocation de l'autorisation.

Les sieurs Mallez connaissent trop la justice de MM. les Membres du Conseil de Préfecture pour ne pas savoir que toute surprise faite à leur religion provoquerait leur sévérité contre le Fabricant qui s'en serait rendu coupable : et si les Opposans n'ont pas cru les sieurs Mallez assez délicats pour n'employer auprès de ce Conseil, d'autres moyens que ceux de la loyauté et de la vérité, ils devaient au moins les supposer assez attachés à leurs intérêts, pour ne pas compromettre, par un mensonge facile à constater, le sort d'un établissement dont les déboursés seront très-considérables.

Les Fonctionnaires qui composent le Conseil de préfecture, savent bien qu'il serait impossible de tromper long-tems leur religion et de retarder l'effet de leur justice. Ils ne partageront donc pas les craintes beaucoup trop affectées des Opposans.

D'ailleurs, le Conseil de Préfecture peut aisément obtenir la certitude que les sieurs Mallez, frères, ne disent rien qu'ils ne soient assurés d'exécuter, et que leur Fabrique ne portera aucun préjudice aux voisins.

Les sieurs Mallez, frères, offrent de faire pardevant MM. les Membres du Conseil, ou pardevant les Commissaires qu'il trouvera convenable de nommer, les démonstrations et les expériences propres à donner la preuve incontestable de l'efficacité de leurs procédés.

Les Opposans ont demandé que les sieurs Mallez fussent tenus de leur faire connaître ces procédés. Ils ont prétendu qu'ils avaient le droit de les examiner et de les débattre.

Mais c'est à l'Autorité seule qu'appartient le droit d'exiger, d'un Fabricant, la manifestation des détails et des secrets de sa fabrication. C'est à la sollicitude et à la sagesse des Conseils de Préfecture que la loi s'est rapportée, pour obtenir la certitude que ces établissemens ne seront pas nuisibles : le Conseil doit donc s'assurer des faits avancés par les sieurs Mallez ; mais lorsque tant de moyens d'éclairer sa religion sont offerts à sa prudence, il n'adoptera certainement pas celui d'ouvrir, entre les Demandeurs et les Opposans, une discussion interminable et des débats indiscrets.

Les sieurs Mallez peuvent d'ailleurs demander un brevet d'invention pour leur découverte ; et, dans cet état de choses, il serait injuste de les soumettre à faire connaître leurs procédés à leurs adversaires.

Les Soussignés estiment que le moyen le plus convenable que le Conseil de Préfecture puisse adopter, est celui de nommer des Commissaires, pardevant lesquels les sieurs Mallez, frères, devront faire la démonstration et l'expérience de leurs procédés.

C'est sur le rapport de ces Commissaires que l'autorisation sera accordée ou refusée.

Si ce rapport rend un compte satisfaisant des procédés des sieurs Mallez, frères, s'il rassure l'Autorité et lui donne la certitude que les moyens d'exploitation qui seront employés ne porteront aucun préjudice aux voisins, très-certainement le Conseil donnera l'autorisation demandée.

Le Conseil pourra même faire procéder à une nouvelle vérification dès que la Fabrique sera en activité.

L'établissement projeté par les sieurs Mallez, frères, mériterait d'être encouragé, lors-même qu'il ne devrait être considéré que comme un essai. Le Fabricant, qui expose sa fortune dans des entreprises dont les résultats sont incertains, mérite toute faveur. Comment les Opposans ont-ils donc pu croire qu'un Conseil de Préfecture, connu par la justice de ses décisions et par la protection éclairée qu'il a constamment accordée aux arts utiles, pourrait refuser d'autoriser une fabrication dont le succès lui aura été pleinement garanti, et qui doit augmenter le riche domaine de l'industrie nationale ?

Délibéré à Marseille, le huit août, mil huit cent dix-huit.

THOMAS.

DESOLLIERS.

MARSEILLE, de l'imprimerie de Joseph-François Achard, boulevart du Musée.

# ERRATUM.

Page 20 du Mémoire, avant-dernière ligne, au lieu de Cavois, lisez Cauvis.